BEI GRIN MACHT SICH IHR WISSEN BEZAHLT

- Wir veröffentlichen Ihre Hausarbeit,
  Bachelor- und Masterarbeit

- Ihr eigenes eBook und Buch -
  weltweit in allen wichtigen Shops

- Verdienen Sie an jedem Verkauf

Jetzt bei www.GRIN.com hochladen
und kostenlos publizieren

Bibliografische Information der Deutschen Nationalbibliothek:

Die Deutsche Bibliothek verzeichnet diese Publikation in der Deutschen National-
bibliografie; detaillierte bibliografische Daten sind im Internet über http://dnb.d-
nb.de/ abrufbar.

Impressum:

Copyright © 2017 GRIN Verlag
Druck und Bindung: Books on Demand GmbH, Norderstedt Germany
ISBN: 9783668662742

Nico Schmitt

Negative Masse im Bose-Einstein-Kondensat. Rückt der Warp-Antrieb näher?

GRIN Verlag

Negative Masse im Bose-Einstein-Kondensat

Rückt der Warp-Antrieb näher?

Register

Inhaltsverzeichnis

Einleitung

Die Raumfahrt entwickelt sich stetig weiter, um immer fernere Sterne und Planeten bereisen zu können. Gerade in Zeiten, in denen sich Wissenschaftler schon Gedanken um die Umsiedlung der Menschheit auf andere Planeten machen, stellt sich folglich die Frage nach einem geeigneten Antrieb. Denn mit der heutigen Technik ist es nicht möglich, Exoplaneten, die mitunter Lichtjahre entfernt sind, zu erreichen. Eine aus Science-Fiction Filmen bekannte Antriebsmöglichkeit stellt der Warp-Antrieb dar, zu dessen Funktion allerding negative Masse benötigt werden würde. Kürzlich haben Forscher der Washington State University (nachfolgend WSU) in einem Bose-Einstein-Kondensat (nachfolgend BEK) eben solche negative Masse hergestellt. Sie haben Rubidium-Atome bis auf Bruchteile vor dem absoluten Nullpunkt von -273,15°C oder 0 K heruntergekühlt, wodurch sich die Atome wie eine Welle verhalten. Nach zweiseitiger Bestrahlung durch Laser verhielten sich die Atome wie negative Masse, der Gravitation entgegen.[1] Vielleicht ist der Warp-Antrieb doch nicht nur Science-Fiction, sondern wird in Zukunft zur Realität.

Einen anderen theoretischen Ansatz könnte die Forschung an Bose-Einstein-Kondensaten im Bereich der allgemeinen Relativitätstheorie von Albert Einstein hervorbringen. Aktuell ist eine unbemannte Raumfahrtmission in Planung, in der die Fallgeschwindigkeit von BEKs verschiedener Elemente im Vakuum verglichen werden soll. Nach dem Äquivalenzprinzip, welches einen Teil der allgemeinen Relativitätstheorie ausmacht, müssten beide Atomwolken mit identischer Geschwindigkeit fallen. Wäre dem nicht so, würde dieses Experiment zumindest einen Teil der Arbeit Einsteins widerlegen und somit schlussfolgernd die Korrektheit an sich in Frage stellen.[2]

---

[1] vgl. Matting, Matthias: Kann Masse negativ sein? 23.01.2017
[2] vgl. Unbekannter Autor: Erstmalig interferieren ultrakalte Atome im Weltraum. 07.02.2017

Im Zuge meiner Facharbeit werde ich mich auf die oben genannten Themen, den Warp-Antrieb und die Widerlegung des Äquivalenzprinzips, eingrenzen, da die möglichen Nutzen der Forschung an BEKs auf viele verschiedene und in sich sehr komplexe Gebiete gestreut sind, deren Beleuchtung und Evaluierung den Rahmen dieser Facharbeit sprengen würden.

Da im Internet genügend differenziertes Material zu meinem Thema zu finden ist, werde ich hauptsächlich mit digitalen Quellen arbeiten, auch um eine bessere Nachvollziehbarkeit bei eventuell auftretenden Fragen zu ermöglichen. Außerdem lasse ich ein Interview mit dem deutschen Wissenschaftler Dr. Stephan Seidel von der Universität Hannover einfließen, um die Meinung eines Experten zu den Themen darlegen und analysieren zu können.

Historie

Die Forschung mit extrem tiefen Temperaturen wurde maßgeblich durch den niederländischen Physiker Kamerlingh Onnes initiiert. Bereits am 10.07.1908 stellte er erstmals flüssiges Helium her, dass er bis auf eine Temperatur von 0,95 K herunterkühlte, für diese Zeit enorm. Außerdem ist er der Entdecker der Supraleitung, bei der der elektrische Widerstand von Materialien ab einer gewissen Sprungtemperatur nicht länger existent ist. Diese Eigenschaft macht man sich heute in vielen hochtechnologischen Geräten zunutze, bei denen noch weitaus niedrigere Temperaturen genutzt werden. Für seine wissenschaftlichen Erkenntnisse erhielt er 1913 den Nobelpreis für Physik.[3]

Wenige Jahre später sagte Albert Einstein, ausgehend von den Forschungsergebnissen Satyendranath Boses, voraus, dass bei Abkühlungen nahe an den absoluten Nullpunkt ein Bose-Einstein-Kondensat entstehen würde, welchess als Wellenfunktion beschrieben

---

[3] vgl. Sieland, Agnes: Heike Kamerlingh Onnes. 06.2011

werden kann und in dem alle Teilchen vollkommen delokalisiert, also nach dem quantenmechanischen Superpositionsprinzip angeordnet wären. Demnach lassen sich die vorher einzelnen Atome nur noch als ein großes „Super-Atom" beschreiben, in dem die einzelnen Atome überall zugleich seien können, sie sind völlig ununterscheidbar.[4]

Einen weiteren entscheidenden Schritt in der Tieftemperaturforschung machte der sowjetische Physiker Kapiza 1937, als er die Suprafluidität von Helium-2 entdeckte, bei der die Viskosität ähnlich wie bei der Supraleitung der elektrische Widerstand verschwindet. Für diese Forschungen erhielt Kapiza 1978 den Physik-Nobelpreis.[5]

Um Gase praktisch auf die für die Entstehung eines Bose-Einstein-Kondensates erforderlichen Temperaturen im Nano-Kelvin Bereich herunter zu kühlen, werden besondere Kühlverfahren benötigt. Das Laserkühlverfahren wurde während der achtziger Jahre erstmals experimentell angewandt, wofür 1997 ein weiterer Nobelpreis im Bereich Physik verliehen wurde.[6] Dies ebnete den Weg für die erste Realisierung eines Bose-Einstein-Kondensats im Jahre 1995, bei dessen Entstehung auch erstmals das Verfahren der evaporativen Kühlung angewandt wurde, welches quasi simultan am MIT unter Vorstand des Deutschen Ketterle und am JILA unter Vorstand der Amerikaner Cornell und Wieman hergestellt wurde. Dafür erhielten die drei leitenden Wissenschaftler 2001 den Nobelpreis für Physik.[7] Erst kürzlich ist deutschen Wissenschaftlern von der Universität Hannover ein Durchbruch in der Forschung rund um BEKs gelungen. Da die für die Erschaffung benötigten technischen Aufbauten im Lauf der Jahre immer weiter verkleinert wurden, konnte nun erstmals ein BEK in der Schwerelosigkeit in einer unbemannten Rakete hergestellt

---

[4] vgl. Beenakker, Carlo: Einstein papers. Datum nicht angegeben
[5] vgl. Köthe, Rainer: Bizarres im goldenen Käfig. 27.10.1978
[6] vgl. Hemmerich, Dr. Andreas: Nobelpreis für Physik - Kühlung von Gasen mit Laserstrahlen. 01.12.1997
[7] vgl. Dewald, Ulrich: Physik-Nobelpreis für Herstellung eines Bose-Einstein-Kondensats verliehen. 10.10.2001

und daran experimentiert werden. Diese MAIUS-1-Mission ebnet durch ihre erfolgreiche Durchführung im Januar 2017 den Weg für weitere Missionen, in denen weiter an BEKs geforscht werden kann. In Aussicht stehen MAUIS-2 in 2018 und MAUIS-3 in 2019, bei denen unter anderem das Verhalten der BEKs im Vakuum näher erforscht werden soll.[8]

Laserkühlung

Der erste Schritt zur Herabkühlung eines Gases bis zum Bose-Einstein-Kondensat wird mithilfe der Laserkühlung praktiziert. Dabei fragt man sich vorerst: „Moment, können Materialien mit Lasern nicht nur extrem erhitzt und sogar geschmolzen werden? Wie sollen Lasern etwas kühlen können?" Zugegeben, die Vorstellung ist schwer, aber wenn man den Mechanismus verstanden hat wird alles sehr klar. Allgemein ist Temperatur nichts anderes als die Bewegung von in unserem Fall Atomen. Je weiter man das Gas dieser Atome herunterkühlt, desto langsamer werden die Atome innerhalb des Gases. Folglich ist eine Kühlung eine Verringerung der Geschwindigkeit der Atome, in unserem Fall innerhalb eines Gases. Wenn Photonen, aus denen Laserlicht besteht, auf Atome des Gases treffen, regen diese Photonen das Atom an und werden von den Atomen absorbiert. Dabei überträgt sich der Impuls des Photons auf das Atom und dieses wird in die entgegengesetzte Richtung beschleunigt, aus der das Photon auf das Atom traf, es wird sozusagen angeschubst. Da die Verbindung von Atom und Photon aber nicht sonderlich stabil ist, emittiert das Atom das Photon nach einiger Zeit in eine zufällige Richtung. Dadurch wird es durch eine Art Rückschlag in die Richtung entgegengesetzt der Emissionsrichtung des Photons beschleunigt. Da dieser Vorgang hochfrequentiert abläuft,

---

[8] vgl. Unbekannter Autor: Erstmalig interferieren ultrakalte Atome im Weltraum. 07.02.2017

wird das Atom folglich in die Richtung, in die der Laserstrahl auf das
Atom trifft, beschleunigt, da die Emittierungsrichtung immer dem
Zufall unterliegt und sich die Emittierungsrichtungen somit
gegenseitig aufheben. Dieses Prinzip lässt sich nun auch zur Kühlung
einsetzen, indem man das zu kühlende Gas von allen Richtungen her
mit Lasern bestrahlt. Dadurch werden die Atome in alle Richtungen
gleichzeitig abgelenkt, wodurch sie sich kaum noch bewegen können
und schließlich immer langsamer werden.

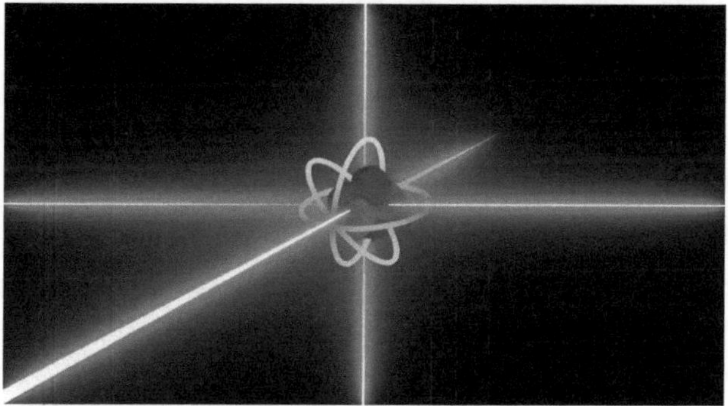

Abbildung 1: Kühlung eines Atoms durch sechsseitige Lasereinstrahlung

Wenn die Temperatur durch die Bewegung der einzelnen Atome
zustande kommt und man diese immer weiter abbremst, da man sie
von allen Seiten mit Laserlicht, also Photonen, bestrahlt, sinkt folglich
die Temperatur des Gases. Mit dieser Methode lassen sich aber noch
keine Bose-Einstein-Kondensate erzeugen, da per Laserkühlung noch
nicht die gewünschte extrem niedrige Temperatur erreicht werden
kann.[9] [10] Für eine weitere Abkühlung wird in der Forschung die
sogenannte evaporative Kühlung eingesetzt, die im Folgenden
ebenfalls erläutert wird.

---

[9] vgl. Unbekannter Autor: Wie kühlt man Atome? Laserkühlung. Datum nicht gegeben
[10] vgl. Kanal Light & Schools: Der Laserkühlschrank – Fast Forward Science 2013. 29.08.2013

Evaporative Kühlung

Nach der Laserkühlung folgt auf dem Weg zum Bose-Einstein-Kondensat nur noch die evaporative Kühlung, die umgangssprachlich auch Verdampfungskühlung genannt wird. Dieser Prozess lässt sich durch eine Kaffeetasse veranschaulichen. Gießt man sich heißen Kaffee ein und wartet, kühlt der Kaffee ab. Pustet man zusätzlich leicht auf den noch heißen Kaffee, kühlt sich dieser noch schneller ab, weil mehr Platz für neue „heiße" Atome geworden ist. Analog dazu werden die Atome des durch die Laserkühlung bereits auf circa 100 µK heruntergekühlten Gases meistens in einer magnetischen Falle (unsere Kaffeetasse) eingefangen. Nun wird mit Strahlung auf das Gas geschossen (das Pusten), wodurch die schnelleren und damit heißeren Atome aus der Falle entweichen können. Schaltet man die Magnetfelder von oben ausgehend Eins nach dem Anderen aus, so entweichen immer mehr der heißeren Atome, wodurch die Temperatur des zurückbleibenden Gases sowie die Masse immer weiter gesenkt wird.

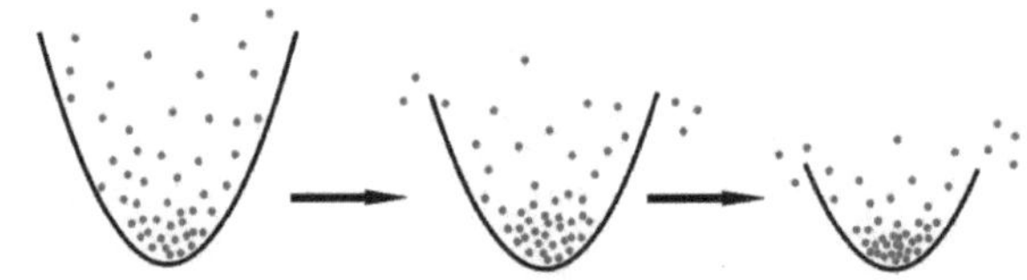

Abbildung 2: Kühlung durch Evaporation heißerer Atome

 Dieser Prozess dauert einige Minuten, schlussendlich erreicht man aber den Nano-Kelvin-Bereich. Da jetzt eine Gaswolke aus ähnlich niedrig temperierten Atomen vorliegt, verlieren die einzelnen Atome ihre Identität und verschmelzen zu einem neuen Aggregatzustand, dem Bose-Einstein-Kondensat.[11]

---

[11] vgl. Kanal Muon Ray: Bose-Einstein Condensate – Coldest Place in the Universe. 17.11.2013

Warp-Antrieb

Bisher sind die Forschungen an Bose-Einstein-Kondensaten in der breiten Masse der Bevölkerung noch weitgehend unbekannt, was darauf zurückzuführen ist, dass die Forschungen, abgesehen von einigen Physik-Nobelpreisen im Laufe der Jahrzehnte, kein Aufsehen erregen, da die Forschungsergebnisse wenige praktische Anwendungen finden und sich größtenteils in Theorien bezahlt machen. Erst durch die Entdeckung sich wie negative Masse verhaltender Teilchen in jüngster Zeit stieg die mediale Aufmerksamkeit für BEKs enorm an. Dies lässt aber schon einige Theoretiker aufhorchen, weil für den aus Filmen wie Stark-Trek bekannten Warp-Antrieb eben reale negative Masse benötigt werden würde. Dabei versetzt man theoretisch das Raumschiff in eine sogenannte Warp-Blase, um den Regeln der Relativitätstheorie nicht widersprechen zu müssen. Die Lichtgeschwindigkeit beschreibt die schnellstmögliche Geschwindigkeit und kann somit nicht übertroffen werden, Überlichtgeschwindigkeit ist also unmöglich. Nun ist der Raum aber nicht von diesen Gesetzen betroffen. Vereinfacht lässt sich dies so erklären, dass ein mit Warp-Antrieb ausgestattetes Raumschiff sich nicht schneller als das Licht bewegen würde, aber der Raum um das Raumschiff, eben durch negative Masse, so gekrümmt werden würde, dass der Abstand zwischen Start und Ziel verkleinert wird und man sich somit von außen betrachtet schneller als das Licht bewegen würde.

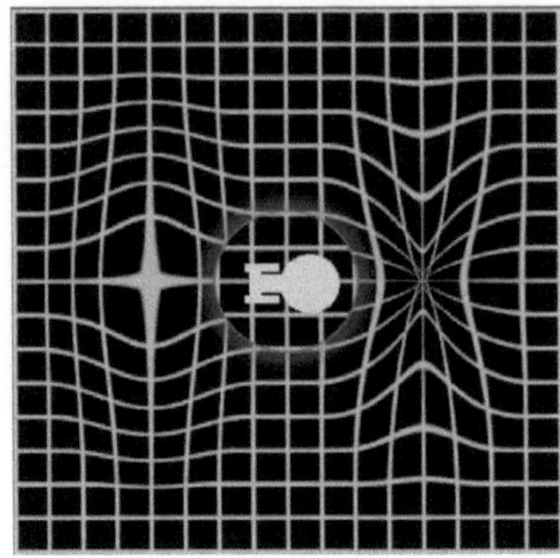

Abbildung 3: Theoretische Krümmung der Raumzeit durch Warp-Antrieb

Einer der wichtigsten Wissenschaftler auf diesem Gebiet ist Alcubierre, in dessen Theorien von der Kontraktion des Raumes vor dem Raumschiff und der Expansion hinter dem Raumschiff die Rede ist, wodurch jene scheinbare Überlichtgeschwindigkeit erreicht werden könnte. Alcubierres Überlegungen scheitern aber an der für einen solchen Antrieb notwendigen Menge an negativer Masse. Nachdem seine Theorien von mehreren Wissenschaftlern verändert und modifiziert wurden, sank die benötigte negative Masse auf einen Bruchteil der nach Alcubierre erforderlichen Menge. Da all diese Überlegungen aber auf rein theoretischer Basis gemacht worden sind und auch viele Wissenschaftler dem grundlegenden Modell eines Warp-Antriebs widersprechen, da z.B. der Innenraum der Warp-Blase unter der extremen Raumzeitkrümmung kollabieren könnte, werden wir wohl in diesem Gebiet vorerst keine bahnbrechenden praxisorientierten Ergebnisse vorweisen können.[12]

Spezielle Relativitätstheorie

Die wissenschaftliche Erkenntnis, dass ein Erreichen oder sogar Übertreffen der Lichtgeschwindigkeit mithilfe der uns bekannten

---

[12] Freistetter, Florian: Die NASA hat einen überlichtschnellen Warp-Antrieb erfunden! Schon wieder. Nicht. 29.04.2015

physikalischen Gesetze nicht erklärbar wäre, lässt sich auf den Arbeiten von Albert Einstein und seiner speziellen Relativitätstheorie begründen. Die vereinfachte Form: $E = m \cdot c^2$ ist vielen Leuten geläufig und bezieht sich auf die Ruheenergie eines Körpers, aber den genauen Term, welcher $E = \dfrac{m \cdot c^2}{\sqrt{1 - \dfrac{v^2}{c^2}}}$ lautet, ist nur wenigen ein Begriff. Um die Erklärung so einfach wie möglich zu halten, lässt sich an der speziellen Relativitätstheorie ablesen, dass die Energie E und die Masse m voneinander abhängen. Erhöht sich die die Energie, erhöht sich die Masse und umgekehrt. Dabei ist die Energie gleich der Masse mal die Lichtgeschwindigkeit im Quadrat, wobei durch die hohe Umrechnungszahl (c beträgt ungefähr $3 \cdot 10^8$)eine Erhöhung der Energie nur einen sehr geringen Anstieg der Masse zur Folge hat. Bewegt sich ein Körper mit v=0, so steht unter der Wurzel nur noch eine 1, womit man auf die bekannte Formel für die Ruheenergie, $E = m \cdot c^2$, kommt. Möchte man aber mit Lichtgeschwindigkeit fliegen (wie wir Menschen um das Universum erforschen und unter Umständen auch besiedeln zu können) nähert sich die Geschwindigkeit v der Lichtgeschwindigkeit c immer mehr an. Somit steht nach der speziellen Relativitätstheorie $\sqrt{0}$ unter dem Bruchstrich, wodurch unendlich viel Masse und somit auch unendlich Energie benötigt werden würde, um die Gleichung zu erfüllen. Man kann also nichts auf Lichtgeschwindigkeit beschleunigen, sondern theoretisch nur sehr, sehr nah ran (obwohl auch dies einen so enormen Energieaufwand bedeuten würde, dass es mit den heutigen technischen Mitteln nicht möglich ist). Darin ruht das Problem, welches viele Physiker mit der Theorie des Warp-Antriebs haben: Es kann nichts auf Licht- oder sogar Überlichtgeschwindigkeit beschleunigt werden. Trotz aller Bemühungen vieler Wissenschaftler bleibt der Warp-Antrieb also immer noch nur eine Theorie wie man Einstein „umgehen" könnte, was aber aus einer realistischen

Sichtweise nie eintreten wird.[13] Fortführend wurde diese asymptotische Annäherung an die Lichtgeschwindigkeit c bereits im Protonenbeschleuniger HERA in Hamburg experimentell untersucht. Um auf 99,97% der Lichtgeschwindigkeit zu kommen, mussten 40 GeV aufgewendet werden, was der Einschussenergie entspricht. Bei einer Beschleunigung durch Erhöhung der Energie auf 920 GeV wurden die Protonen auf 99,99995% der Lichtgeschwindigkeit beschleunigt. Die Geschwindigkeit nahm folglich nur noch extrem geringfügig zu, währenddessen das Magnetfeld, welches die Beschleunigung ermöglicht, um das 23-fache ansteigen musste. Dies zeigt, wie viel mehr Energie für einen immer geringeren Geschwindigkeitszuwachs aufgewendet werden muss, je näher man sich der Lichtgeschwindigkeit nähert. Somit wurden Einsteins theoretische Überlegungen experimentell verifiziert.[14]

Äquivalenzprinzip

Das Äquivalenzprinzip war wegweisend für das Aufstellen der allgemeinen Relativitätstheorie Albert Einsteins. Es besagt vereinfacht gesagt, dass Körper im Vakuum und nur durch die Gravitation beeinflusst gleichschnell fallen. Diesen Versuch führt man in der Schule oft mithilfe zweier Röhren durch, aus denen die Luft gesaugt wird um ein Vakuum zu erzeugen. In der einen Röhre ist beispielsweise ein Stein und in der Anderen eine Feder. Wenn man beide Röhren umdreht kommen Feder und Stein gleichzeitig am Boden an. Die Erklärung hierfür ist das Verhältnis von schwerer und träger Masse zueinander. Je schwerer ein Objekt ist, desto stärker wird es durch die Gravitation angezogen. Gleichzeitig sind schwerere Körper aber träger, es bedarf höherer Kraft sie in Bewegung zu setzen als leichtere Körper. Dies ist hinlänglich bekannt, wenn man einen Ball tritt rollt er los, tritt man aber einen Stahlträger mit gleicher Kraft

---

[13] vgl. Meyer, Prof. Dr. Lothar: Das große Tafelwerk. Seite 114. Cornelsen, 2013
[14] vgl. Pollmann, Maike: Die Prinzipien der speziellen Relativitätstheorie. 18.07.2011

bewegt er sich kein Stück. Diese schwere Masse und die träge Masse sind äquivalent, also gleichwertig.[15] Dieses Prinzip wollen Physiker in der Schwerelosigkeit testen und die Richtigkeit dieses Prinzips überprüfen, indem sie den Fall zweier Bose-Einstein-Kondensate unterschiedlicher Atomarten in der Schwerelosigkeit vergleichen. Da das Bose-Einstein-Kondensat in vielerlei Hinsicht spezielle Eigenschaften aufweist, möchten die Physiker schauen, ob und inwieweit sich der Fall der Kondensate unterschiedlicher Atome unterscheidet.[16] Da nach dem Äquivalenzprinzip theoretisch ausnahmslos alle Körper gleich schnell fallen, würde ein Widerlegen dieses fundamentalen Bausteins der allgemeinen Relativitätstheorie an der Gesamtheit dieser zweifeln lassen. Da viele Forschungen seit der Aufstellung dieser auf ihr beruhen, würde es die Physik vor einen bedeutsamen Umbruch stellen.

Interview mit Dr. Stephan Seidel

Aktuell erfahren die Forschungen am Bose-Einstein-Kondensat einen immensen Aufschwung, ausgelöst durch ein Forscherteam der Universität Hannover. Ihnen gelang es, am 23.1.2017 erstmals ein Bose-Einstein-Kondensat im Weltall herzustellen. Die Mission mit dem Namen MAIUS 1 (**Ma**terialwellen-**I**nterferometrie **u**nter **S**chwerelosigkeit) beschäftigte sich mit Experimenten zur Interferometrie, bei welcher die Interferenz, also Überlagerung von Wellen, gemessen und ausgewertet wird. Dr. Stephan Seidel, Post-Doktorand an der Universität Hannover, war der wissenschaftliche Projektleiter dieser Mission, bei welcher in der MAIUS-Rakete auf kleinstem Raum alle erforderlichen technischen Vorrichtungen für die Erschaffung von Bose-Einstein-Kondensaten untergebracht worden sind. Der Erfolg des Fluges zeigt auf, dass heutzutage der Platzaufwand weitaus geringer ist, wohingegen man früher noch

---

[15] vgl. Duhesme, François: Die Äquivalenzprinzipien des Albert Einstein. 30.12.2013
[16] vgl. Unbekannter Autor: QUANTUS IV – MAIUS. Datum nicht angegeben

ganze Labore benötigte, um ein Bose-Einstein-Kondensat zu erschaffen. Diese erfolgreiche Miniaturisierung bestätigt die Wissenschaftler in ihrer jahrelangen Arbeit und lässt auf weitere so erfolgreiche Missionen hoffen.

Um diese Arbeit durch eine Fachmeinung zu bereichern, habe ich mit Dr. Stephan Seidel ein Interview zu Bose-Einstein-Kondensaten, dem Warp-Antrieb und den weiteren MAIUS-Missionen geführt. Zunächst werde ich die einzelnen Fragen erklären, anschließend seine Antwort darlegen und diese schlussendlich auswerten.

Meine erste Frage bezog sich auf ein Experiment, welches an der Washington State University durchgeführt wurde. Dabei wurde ein Bose-Einstein-Kondensat aus Rubidium-Atomen erzeugt, welches ein aufsehenerregendes Verhalten aufwies. Wenn man auf dieses eine Kraft ausübte, bewegte es sich auf die Kraft zu statt davon weg wie normale Materie, der Impuls wurde sozusagen umgekehrt. Infolgedessen war in einigen Fachmagazinen die Rede von der Entdeckung negativer Masse, da sich die Masse genau entgegengesetzt zur „normalen" Masse verhielt. Daher fragte ich, ob er eine Erklärung für dieses Phänomen hätte oder es sich wirklich um negative Masse handele. Seine Antwort:

„Ich bin mit dem Experiment leider nicht im Detail vertraut, aber es ist wichtig ist zu verstehen, was die Forscher an der WSU hier gemacht haben. Nachdem Sie Bose-Einstein Kondensate mittels Laser- und evaporativer Kühlung erzeugten haben sie diese zuerst in eine eindimensionale optische Falle geladen und dann die Dispersionsrelation mittels zweier weiterer Lichtfelder so verändert, dass diese eine negative Beugung hat. In diesem Fall erzeugt die Einwirkung einer Kraft tatsächlich die Erzeugung eines entgegengesetzten Impulses. Wichtig ist jedoch dabei das die Masse der Teilchen an sich nicht negativ wird sondern die effektive Masse in diesem speziellen System."

Vorerst ist die Unterscheidung von effektiver und tatsächlicher negativer Masse ausschlaggebend. Das Bose-Einstein-Kondensat wog also nicht beispielsweise -3 Gramm, sondern verhielt sich nur wie negative Masse aufgrund des Aufbaus des Experiments. Des Weiteren wurde das Bose-Einstein-Kondensat mit zwei Lasern bestrahlt, welche die Atome hin und her schubsten und die Weise wie sie sich drehen, ihren sogenannten Spin, veränderten, was zu einem Verhalten entgegengesetzt der normalen Impulsübertragung führte. Die Atome beschleunigten sozusagen rückwärts.

Meine zweite Frage lautete:

„Denken Sie, die Technologie für die Bose-Einstein-Kondensation
wird soweit optimiert werden können, dass die
Apparatur zur Erschaffung auf noch kleinerem Raum realisiert werden
kann? Und wenn ja, was ist der "Knackpunkt"
beim Aufbau eines solchen Systems, also welcher Teil limitiert
heutzutage die Verkleinerung der Apparatur
und inwiefern sehen Sie in naher Zukunft Potenzial diese
Limitierungen aufzuheben?"

, da mit der MAIUS-1-Mission bereits ein voll funktionsfähiger und immens verkleinerter Aufbau realisiert werden konnte.

Seine Antwort:

„Ein Teil unserer Forschung ist es die Apparaturen zur Erzeugung von Bose-Einstein Kondensaten immer weiter zu verkleinern und generell denke ich, dass es durch aus möglich sein könnte diese erheblich zu miniaturisieren. Ich möchte jetzt keine Abschätzung machen wie klein es geht. Eine Solche Apparatur besteht aus einer Vielzahl von Komponenten wie Laser, Elektronik und einem Vakuumsystem. Wir sind insbesondere an der Verkleinerung der Vakuumsysteme interessiert, dabei ist ein Ansatz diese mit Techniken der Mikrointegration zu schrumpfen. Eine Vision ist es zum Beispiel eine Vakuumkammer zu erschaffen die eine Größe von 10 cm x 10 cm x

10 cm hat, ob dies möglich ist wird sich zeigen. Ähnliche Bestrebungen gibt es auch für die anderen Komponenten."

Somit können Fortschritte in der Miniaturisierung erwartet werden, was eine noch bessere Einsatzfähigkeit zur Folge hätte und außerdem den Transport z.B. zur ISS „nebenbei" ermöglichen würde, wenn sowieso schon eine Rakete auf dem Weg dahin ist und der kleine BEK-Generator noch Platz hat, wodurch noch mehr Forschungsergebnisse in kürzerer Zeit realisiert werden könnten.

Meine dritte Frage bezog sich auf den Nutzen der Bose-Einstein-Kondensate für die Raumfahrt, genauer den Warp-Antrieb. Die Frage, inwiefern BEKs ein Teil von zukünftigen Antriebssystemen ausmachen werden, beantwortete Herr Seidel wie folgt:

„Ich denke nicht das unsere Forschung und generell die Forschung mit BECs zur Erzeugung von Überlichtgeschwindigkeitsantrieben genutzt werden kann. Wenn ich richtig informiert bin, handelst es sich bei der für diese eher spekulativen Vorschlägen benötigte negative Masse um eine echte negative Masse die nicht mit der effektiven Masse aus dem Washingtoner Experiment verwechselt werden sollte."

Damit wird klar, dass der Warp-Antrieb wohl noch eine ganze Weile Zukunftsmusik bleiben wird und die Forschung an BEKs bislang keinen Nutzen für die Raumfahrt bereithält.

Meine beiden letzten Fragen bezogen sich auf die geplante Verwendung von Kalium- und Rubidium-Atomen, sowie die experimentelle Überprüfung des Äquivalenzprinzips. Zur zusätzlichen Verwendung von Kalium sagte Herr Seidel:

„Auf MAIUS-2 und MAIUS-3 sollen neben Rubidium BECs auch solche aus Kalium erzeugt werden. Die Idee dahinter ist es perspektivisch die Fallbeschleunigung der beiden atomaren Spezies mit einander zu vergleichen. Laut dem Äquivalenzprinzip sollten diese gleich stark von einem Schwerefeld beschleunigt werden. Dies ist jedoch lediglich ein Postulat und es gibt Theorien die eine Verletzung dessen Vorhersagen."

Herr Seidel möchte also verschiedene Atomarten nebeneinander fallen lassen und beobachten, ob sie gleich schnell sind, was nach dem Äquivalenzprinzip gegeben sein sollte. Da Bose-Einstein-Kondensate sich auch in anderen Gebieten besonders verhalten, möchte er wissen, ob es sich bei diesem Experiment auch besonders verhält. Wäre dies der Fall, würde das Äquivalenzprinzip widerlegt werden und somit die ganze allgemeine Relativitätstheorie in Frage stehen. Dazu äußerte sich Herr Seidel wie folgt:

„Falls bei einer solchen Mission eine Verletzung des Äquivalenzprinzips festgestellt wird, würde dies tatsächlich eine sehr große Entdeckung sein, die die Grundfeste der modernen Physik erschüttern würde."

Folglich liegt in den Forschungen um Bose-Einstein-Kondensate das Potenzial, ein neues Zeitalter der Physik einzuläuten.

Fazit

Bose-Einstein-Kondensate sind durch die technischen Entwicklungen der letzten Jahrzehnte ausgehend von der Theorie Einsteins zur Realität der wissenschaftlichen Welt geworden. Dabei spielte die Entdeckung der Laser- und der evaporativen Kühlung eine zentrale Rolle und ermöglichte überhaupt erst die Erreichbarkeit der Temperaturen im Nano-Kelvin-Bereich, welche für den Übergang in ein Bose-Einstein-Kondensat vonnöten sind. Des Weiteren konnte in Versuchen mit BEKs keine reale negative Masse, sondern nur effektive negative Masse erzeugt werden. Da für den Bau eines Warp-Antriebs aber reale negative Masse benötigt werden würde, wird diese fiktionale Antriebsmöglichkeit durch die Forschung mit BEKs nicht wahrscheinlicher. Außerdem scheitert das Modell des Warp-Antriebs an der speziellen Relativitätstheorie, die aufzeigt, dass ein Erreichen

der Lichtgeschwindigkeit und damit auch der
Überlichtgeschwindigkeit unmöglich ist. Ob das Äquivalenzprinzip
und damit ein Grundstein der allgemeinen Relativitätstheorie mithilfe
des Vergleiches der Fallgeschwindigkeiten unterschiedlicher Bose-
Einstein-Kondensate experimentell verifiziert oder widerlegt wird,
bleibt abzuwarten und wird voraussichtlich in 2019 durch die
MAIUS-3-Mission überprüft. Das Interview mit Dr. Stephan Seidel
hat mich insbesondere bei der Fragestellung um die sich wie negative
Masse verhaltenden Rubidium-Atome im Bose-Einstein-Kondensat
der Washington State University durch seine Expertise und den
Hinweis auf die notwendige Unterscheidung zwischen realer und
effektiver Masse enorm bereichert. Durch ihn wurde auch klar, dass
der Warp-Antrieb mehr ein Werk der Vorstellungskraft einiger
Weltraumfanatiker als eine praktisch umsetzbare Idee ist. Somit half
er mir, die zentralen Fragen meiner Facharbeit tiefgreifend zu
beantworten.

Literaturverzeichnis

1. vgl. Matting, Matthias: Kann Masse negativ sein? 23.01.2017.
https://www.heise.de/tp/features/Kann-Masse-negativ-sein-
3691189.html , Stand: 18.10.2017, 19:00

2. vgl. Unbekannter Autor: Erstmalig interferieren ultrakalte Atome
im Weltraum. 07.02.2017.
http://www.dlr.de/dlr/desktopdefault.aspx/tabid-10081/151_read-
20337/#/gallery/25194 , Stand: 18.10.2017, 19:00

3. vgl. Sieland, Agnes: Heike Kamerlingh Onnes. 06.2011.
https://www.uni-muenster.de/NiederlandeNet/nl-
wissen/bildungforschung/personen/onnes.html , Stand: 18.10.2017,
19:00

4. vgl. Beenakker, Carlo: Einstein papers. Datum nicht angegeben. http://www.lorentz.leidenuniv.nl/history/Einstein_archive/ , Stand: 18.10.2017, 19:00

5. vgl. Köthe, Rainer: Bizarres im goldenen Käfig. 27.10.1978. http://www.zeit.de/1978/44/bizarres-im-goldenen-kaefig , Stand: 18.10.2017, 19:00

6. vgl. Hemmerich, Dr. Andreas: Nobelpreis für Physik - Kühlung von Gasen mit Laserstrahlen. 01.12.1997. http://www.spektrum.de/magazin/nobelpreis-fuer-physik-kuehlung-von-gasen-mit-laserstrahlen/824323 , Stand: 18.10.2017, 19:00

7. vgl. Dewald, Ulrich: Physik-Nobelpreis für Herstellung eines Bose-Einstein-Kondensats verliehen. 10.10.2001. http://www.wissenschaft.de/technik-kommunikation/physik/-/journal_content/56/12054/1188413/Physik-Nobelpreis-f%C3%BCr-Herstellung-eines-Bose-Einstein-Kondensats-verliehen/ , Stand: 18.10.2017, 19:00

8. vgl. Unbekannter Autor: Erstmalig interferieren ultrakalte Atome im Weltraum. 07.02.2017. http://www.dlr.de/dlr/desktopdefault.aspx/tabid-10081/151_read-20337/#/gallery/25194 Stand: 18.10.2017, 19:00

9. vgl. Unbekannter Autor: Wie kühlt man Atome? Laserkühlung. Datum nicht gegeben. http://www2.mpq.mpg.de/bec-anschaulich/html/laserkuhlung.html , Stand: 18.10.2017, 19:00

10. vgl. Kanal Light & Schools: Der Laserkühlschrank – Fast Forward Science 2013. 29.08.2013. https://www.youtube.com/watch?v=5IjE9qWjkb4 , Stand 18.10.2017, 19:00

11. vgl. Kanal Muon Ray: Bose-Einstein Condensate – Coldest Place in the Universe. 17.11.2013. https://www.youtube.com/watch?v=1RpLOKqTcSk&t=216s , Stand: 18.10.2017, 19:00

12. Freistetter, Florian: Die NASA hat einen überlichtschnellen Warp-Antrieb erfunden! Schon wieder. Nicht. 29.04.2015.
http://scienceblogs.de/astrodicticum-simplex/2015/04/29/die-nasa-hat-einen-ueberlichtschnellen-warp-antrieb-erfunden-schon-wieder-nicht/
, Stand: 18.10.2017, 19:00

13. vgl. Meyer, Prof. Dr. Lothar: Das große Tafelwerk. Seite 114. Cornelsen, 2013.

14. vgl. Pollmann, Maike: Die Prinzipien der speziellen Relativitätstheorie. 18.07.2011.
http://www.weltderphysik.de/gebiet/theorie/albert-einstein-und-die-relativitaetstheorie/spezielle-relativitaetstheorie/ Stand: 18.10.2017, 19:00

15. vgl. Duhesme, François: Die Äquivalenzprinzipien des Albert Einstein. 30.12.2013. http://www.weltderphysik.de/detektor/physik-pur/die-aequivalenzprinzipien-des-albert-einstein/ , Stand: 18.10.2017, 19:00

16. vgl. Unbekannter Autor: QUANTUS IV – MAIUS. Datum nicht angegeben. https://www.zarm.uni-bremen.de/de/forschung/raumfahrttechnologie/phase-0a-studies/projects/quantus-iv-maius.html , Stand: 18.10.2017, 19:00

Abbildungsverzeichnis

Abb. 1: Kühlung eines Atoms durch sechsseitige Lasereinstrahlung.
https://www.youtube.com/watch?v=hFkiMWrA2Bc ,
Screenshot bei 3:02

Abb. 2: Kühlung durch Evaporation heißerer Atome. http://cold-atoms.physics.lsa.umich.edu/projects/bec/images/evaporation.jpg

Abb.3: Theoretische Krümmung der Raumzeit durch Warp-Antrieb.
https://media.boingboing.net/wp-content/uploads/2012/12/Star_Trek_Warp_Field.png